ISBN 978-3-662-42127-7 ISBN 978-3-662-42394-3 (eBook)
DOI 10.1007/978-3-662-42394-3

Lists Theorien zum Eisenbahnwesen.

Um sein Ziel zu erreichen und Volk und Regierungen für den Bau eines deutschen Eisenbahnsystems zu gewinnen, wird List nicht müde, in ungezählten Variationen eine Reihe von eindrucksvollen Hauptgedanken über die Vorteile des neuen Verkehrsmittels im Publikum zu verbreiten. Bald läßt er die volkswirtschaftliche, bald die geistige, bald die militärische und politische Bedeutung in den Vordergrund treten. Er stellt das Problem unermüdlich in immer neue Beleuchtung. Einige zusammenfassende Bemerkungen aus seinen Schriften mögen zur Einleitung die Vielgestaltigkeit andeuten, die List seinem Thema abzugewinnen weiß.

„Der wohlfeile, schnelle, sichere und regelmäßige Transport von Personen und Gütern ist einer der mächtigsten Hebel des Nationalwohlstandes und der Zivilisation nach allen ihren Verzweigungen", so leitet er seinen Artikel im Staatslexikon ein.[1])

An anderer Stelle faßt er seine Ansicht dahin zusammen,
„daß die erleichterte Communication Grundbedingung aller Gesittung und alles ökonomischen Wohlstandes der Individuen sowie aller finanziellen Prosperität und aller politischen Macht und Stärke der Staaten sind".[2])

In der ihm eigenen schwungvollen Ausdrucksweise spricht er von den Eisenbahnen als einem
„Herkules in der Wiege, der die Völker erlösen wird von der Plage des Krieges, der Teuerung und Hungersnot, des Nationalhasses und der Arbeitslosigkeit, der Unwissenheit und des Schlendrians, der ihre Felder befruchten, ihre Werkstätten und Schachte beleben und auch den niedrigsten unter ihnen Kraft verleihen wird, sich durch den Besuch fremder Länder zu bilden, in entfernten Gegenden Arbeit und an fernen Heilquellen und Seegestaden Wiederherstellung ihrer Gesundheit zu suchen."[3])

Der entscheidende neue Gesichtspunkt seiner Anschauung gegenüber anderen Betrachtungsweisen liegt in der Einführung seines nationalökonomischen Begriffes der „produktiven Kräfte" auch in die Eisenbahntheorie.

---

[1]) Staatslexikon, 4. Band, S. 650.
[2]) Ges. Schriften, 2. Teil, S. 301/2.
[3]) Staatslexikon, 4. Band, S. 655.

Berichterstatter:
Geh. Regierungsrat Professor Dr. H. Dietzel.

Mit Genehmigung der Fakultät kommt hier nur ein Teil der eingereichten Arbeit zum Abdruck. Die ganze Arbeit wird unter dem gleichen Titel im Archiv für Eisenbahnwesen 1918, Heft 2, 3 und 4 erscheinen.

Die klassische Formulierung seines umfassenden Standpunktes findet sich in der Einleitung zu seinem „Nationalen System":

„Früher hatte ich die Wichtigkeit der Transportmittel nur gekannt, wie sie von der Wertetheorie gelehrt wird; ich hatte nur den Effekt der Transportanstalten im einzelnen beobachtet und nur mit Rücksicht auf Erweiterung des Marktes und Verminderung des Preises der materiellen Güter. Jetzt erst fing ich an, sie aus dem Gesichtspunkt der Theorie der produktiven Kräfte und in ihrer Gesamtwirkung als National-Transportsystem, folglich nach ihrem Einfluß auf das ganze geistige und politische Leben, den geselligen Verkehr, die Produktivkraft und die Macht der Nationen zu betrachten."[1])

1. Bedeutung der Eisenbahnen für die Volkswirtschaft.

Entsprechend dem ausgeprägten nationalökonomischen Interesse des Verfassers wie den zunächst am stärksten hervortretenden Wirkungen der Eisenbahnen nehmen die Erörterungen über ihren volkswirtschaftlichen Nutzen den breitesten Raum ein. List sieht in den Eisenbahnen eines der wichtigsten Mittel zur Verwirklichung seiner wirtschaftlichen Pläne für Deutschland: Deutschland über die Stufe eines Ackerbaustaates emporzuheben und seine industriellen Kräfte zur Entfaltung zu bringen. Schon in der frühesten Erwähnung des Eisenbahnwesens in den amerikanischen Briefen betont er den Zusammenhang zwischen Eisenbahn und Entwicklung der Industrie.[2]) Die Erziehung Deutschlands zum Industriestaat ist das Ziel seiner Handelspolitik wie seiner Eisenbahnpropaganda:

„Seitdem Deutschland besitzt, was zu seiner gewerblichen Wohlfahrt unerläßlich war, Freiheit des Verkehrs im Inneren, bedarf es nur noch wohlfeiler und schneller Transportmittel, um sich auf die Stufe der gewerbfleißigsten Nationen der Erde emporzuschwingen."[3]) Im Hinblick auf dieses Ziel formuliert er seinen Wunsch für Deutschland einmal mit nachdrücklicher Knappheit: „Was Deutschland not tut, ist: Transportmittel — verbesserte Transportmittel — ein vollkommenes Transportsystem."[4])

Die in Amerika gemachten Beobachtungen gewähren ihm konkrete Grundlagen für seine Theorien und Ausblicke auf die wirtschaftlichen Entwicklungsmöglichkeiten für Deutschland. Die verschiedenen Gebiete der ökonomischen Wirkungen der Eisenbahnen charakterisiert er auf Grund seiner dortigen Erfahrungen:

„In Nordamerika können wir beobachten, wie nicht nur verschiedene Provinzen, sondern 26 verschiedene Staaten die Teilung der Arbeit, die Kombination der produktiven Kräfte und die Herstellung des Gleichgewichts zwischen landwirtschaftlicher und gewerblicher Produktion und Bevölkerung vermittelst eines

---

[1]) Nat. System 7. Aufl. S. XIII. Gesammelte Schriften. 3. Teil. S. XVI.
[2]) Koehler a. a. O. S. 185.
[3]) Aufruf an unsere Mitbürger, S. 18.
[4]) Ges. Schriften, 2. Teil, S. 185.

vollkommenen Transportsystems im großen bewerkstelligen, und wie unermeßlich die Produktion und Konsumtion dadurch gefördert wird."¹)

Zwar sind die Listschen Ausführungen weit davon entfernt, eine systematische Scheidung und gesonderte Durchführung der hier angedeuteten Gedankenkreise zu enthalten. Wie überall, so greifen auch hier seine Ideen mannigfaltig ineinander. Im folgenden soll zunächst eine Heraushebung der Gedanken versucht werden, die von dem Einfluß der Eisenbahnen auf die produktiven Kräfte und die allgemeine Förderung der wirtschaftlichen Wohlfahrt handeln. Wenn List auch, wie oben gezeigt wurde, die einseitige Wertung der Eisenbahnen nur nach ihrem Einfluß auf die Verminderung der materiellen Kosten zurückweist, so verkennt sein auf die Wirklichkeit gerichteter Sinn doch nicht die Bedeutung dieser Wirkung. Die Hauptvorzüge der Eisenbahnen für den Güterverkehr bestehen in Billigkeit, Schnelligkeit, Sicherheit und Regelmäßigkeit. Infolge der Schnelligkeit des Verkehrs fallen die Unterhaltskosten für Fuhrleute und Pferde, die den zeitraubenden Chausseetransport so sehr verteuern, fort. Bei gleichen Kosten können erheblich größere Mengen befördert werden. Sichere und regelmäßige Beförderung vermindert das Risiko und erspart die zahlreichen Unkosten, die durch Unfälle und Verzögerungen das Konto des Händlers belasten und den Warenpreis steigern. Die niedrigen Frachtpreise der Eisenbahnen ermöglichen die Beförderung von schweren aber geringwertigen Gütern, so besonders von Salz, Kalk, Düngemitteln für den landwirtschaftlichen Gebrauch, von Kohlen und Eisen für industrielle Bedürfnisse sowie von Baumaterialien, Gips, Getreide, Flachs, Hanf. Dagegen können die hohen Kosten des Chauseetransportes nur von leichten und wertvollen Waren getragen werden. So berechnet er z. B. für das Salz eine Preisverminderung von 35 bis 50 % bei Eisenbahntransport. Mit dem Sinken des Preises ist eine entsprechende Steigerung des Verbrauches dieser Güter zu erwarten, deren man überall bedarf und deren Verbrauch nur durch die hohen Transportkosten auf einen Mindestbetrag herabgedrückt wird. Die Förderung des Verbrauchs wird eine entsprechende Steigerung der Produktion nach sich ziehen.

„Je weniger es nun kostet, dem Gewerbsmann die Produkte und dem Landwirt die Fabrikate zuzuführen, um so mehr wird jeder von dem, was er produziert, absetzen, um von dem, was er bedarf, für seine Produkte zu erhalten."²)

Die Überbrückung der Entfernungen wird der Landwirtschaft einen größeren Markt für Lebensmittel, Vieh und Pferde, der Industrie neue Bezugsquellen für Rohprodukte, dem Handel erweiterte Absatzgebiete für die gewerblichen Erzeugnisse eröffnen und dem inländischen Bedarf die

---

¹) Staatslexikon, 4. Bd., S. 670.
²) Berichte des Leipziger Eisenbahnkomitee, S. 14.

Die gewerblichen Erzeugnisse werden ihren Weg bis in entlegene Gegenden machen. Ihre Verbilligung durch den Transport wird den Verbrauch steigern:

„Der erleichterte und wohlfeilere Transport vermindert die Preise zum Vorteile des Konsumenten sowohl als auch des Produzenten, die sich nun in die Ersparnisse teilen. Dadurch entsteht größere Nachfrage und Konsumtion, und alle Zweige der Industrie entfalten sich im gleichen Verhältnis."[1]) Die Kapitalkraft der Industrie hebt sich, weil „Beschleunigung des Bezugs der rohen Materialien und Beschleunigung des Absatzes der Fabrikate ebenso wirkt wie Kapitalvermehrung."[2])

Die Möglichkeit neuer Genüsse, einer gesteigerten Lebenshaltung, wird auf allen Produktionsgebieten einen befruchtenden Wettbewerb hervorrufen. Die vermehrten Erwerbsmöglichkeiten wiederum veranlassen ein Steigen der Bevölkerung und ihrer Einkünfte. Für Leipzig glaubt List in seinem Aufrufe von 1834 voraussagen zu dürfen:

„Unsere Industrie, unser Einkommen und die Zahl der Bevölkerung wird sich in kurzer Zeit verdoppeln. Die Städte werden anwachsen, neue Industrieorte werden entstehen."[3])

List schreibt den Eisenbahnen einen ganz erheblichen Einfluß auf den Bodenwert zu. Nach den Erfahrungen, die man besonders in Nordamerika mit der Einwirkung der Kanäle auf den in ihrem Bereich gelegenen Grundbesitz gemacht hat, sei ebenso für die von Eisenbahnen durchzogenen Gegenden eine bedeutende Steigerung der Grundrente vorauszusehen. List glaubt die Werterhöhung auf das zehnfache, an anderer Stelle in einem Zeitraum von 20 bis 30 Jahren auf das zwanzigfache der Anlagekosten berechnen zu dürfen. Das Anwachsen der Grundrente wird um so mehr ins Gewicht fallen, je niedriger vorher der Boden im Werte stand, also besonders den abgelegenen Gegenden zugute kommen. Die Steigerung der ländlichen Rente wird wiederum auf den städtischen Grundbesitz werterhöhend einwirken. Auch der Staat nimmt durch seinen Domänenbesitz an dieser allgemeinen Verbesserung der Grundrente teil.

Schon der Bau an sich wird volkswirtschaftlich günstig wirken. Da in Deutschland Arbeitsmangel herrscht, werden durch den Bahnbau weder der landwirtschaftlichen noch der gewerblichen Produktion Personen entzogen, dagegen ungenügend beschäftigte Kräfte zu einer für die Allgemeinheit vorteilhaften Einrichtung zweckmäßig ausgenutzt; so würde schon die Anlage der Eisenbahn an sich einen reinen Gewinn darstellen, der hauptsächlich den unteren Schichten zugute käme. Überhaupt legt List besonderes Gewicht auf den Nachweis:

---

[1]) Staatslexikon, 4. Band, S. 665.
[2]) Über ein sächsisches Eisenbahn-System, S. 46.
[3]) a. a. O. S. 17.

„daß die Kapitalisten und Kaufleute von dieser Verbesserung des Transportwesens nur unbedeutende Vorteile ziehen im Vergleich mit denen, welche den Ackerbau und Gewerben, also allen arbeitenden Klassen daraus erwachsen"[1]).

Die gleiche Wirkung verspricht sich List in seinem Aufsatz in der *Revue encyclopédique* von einem französischen Eisenbahnbau für die Ablenkung und Beschäftigung der Arbeitermassen, die sonst eine stete soziale und politische Gefahr bilden, sowie für eine Reform der unhaltbaren wirtschaftlichen Zustände Irlands[2]).

Die Befürchtung, daß einzelne Erwerbsstände — Fuhrleute und ähnliche — durch die neue Erfindung wirtschaftlich geschädigt werden könnten, sieht er als gegenstandslos an, da die allgemeine Hebung des Wohlstandes solche scheinbaren Nachteile wieder aufhebt.

„Diese Furcht kommt nur davon her, daß beschränkte Menschen nicht begreifen können, wie es möglich sei, daß man wohlhabend und reich werden könne, ohne das Geld aus ihrer Tasche zu nehmen"[3]).

Außer der allgemeinen wirtschaftlichen Hebung würden die Eisenbahnen die provinziale und nationale Arbeitsteilung herbeiführen. Infolge des erleichterten Transports sind die einzelnen Gegenden nicht mehr gezwungen, ihre Bedürfnisse an landwirtschaftlichen und gewerblichen Erzeugnissen durch die Pflege von teilweise unproduktiven Erwerbszweigen selbst zu befriedigen. Man wird fortan nur die Möglichkeiten einer Gegend ausnutzen, die ihr besonders angemessen sind.[4]) Man wird weder in den Gebirgen mühsamen und kostspieligen Getreidebau pflegen noch das Ackerland der Ebene zur Holzerzeugung benutzen, sondern das in den Gebirgen reichlich vorhandene Bau- und Brennholz wird der Ebene zugeführt und gegen deren Bodenprodukte ausgetauscht.

„Alle Landwirte produzieren nun nicht mehr alles, was sie bedürfen, sondern hauptsächlich nur diejenigen speziellen Produkte, für die ihr Grund Boden und die Lage ihres Landgutes besonders geeignet ist, indem sie das, was sie im Überfluß erzeugen, verkaufen und das, was ihnen fehlt, dagegen eintauschen."[5])

Der gleiche Vorteil macht sich in der gewerblichen nationalen Arbeitsteilung bemerkbar, indem jede Provinz oder Stadt
„sich vorzugsweise denjenigen Produktionszweigen widmen kann, in welchen sie entweder durch die besondere Begünstigung der Natur oder wegen längst erworbener Erfahrung, Übung und Geschicklichkeit ihrer Bewohner vor

---

[1]) Berichte des Eisenbahnkomitee zu Leipzig, S. 13.
[2]) Allg. Ztg. 1839, Nr. 169.
[3]) Aufruf an unsere Mitbürger, S. 21.
[4]) Vgl. dazu das rein deduktiv abgeleitete gleiche Ergebnis bei v. Thünen: mit Hilfe der Eisenbahnen Ausnutzung der durch die klimatischen Verschiedenheiten gegebenen besonderen Anbaumöglichkeiten entfernter Gegenden desselben Landes, Minderung der Wertdifferenzen von Getreide und Silber an verschiedenen Orten. (v. Thünen: Der isolierte Staat. 3. Aufl. 1875. II. Band, I. Abteil. S. 27/28. 134).
[5]) Ges. Schriften, 2. Teil, S. 271.

anderen exzelliert, anderenteils, weil sie diejenigen Gegenstände, die sie zuvor mit geringerem Vorteil selbst produzierte, nunmehr zu weit wohlfeileren Preisen von anderen Provinzen beziehen kann."[1])

Die Überschüsse der Urproduktion und der gewerblichen Produktion werden ausgetauscht und das Gleichgewicht zwischen beiden hergestellt.

„Sie (die Nation) wird die Teilung der Arbeit im Großen effektuieren."[1])

Hat erst die Eisenbahn die bisherige Lokal- und Provinzialwirtschaft in die Volkswirtschaft hinübergeführt, so werden Bahnen bis ins Innere von Afrika, Asien und Südamerika die Arbeitsteilung auf den Weltmarkt ausdehnen — die gewerbliche Produktion wird der gemäßigten, die Rohstofferzeugung der heißen Zone zufallen. Die Volkswirtschaft geht in die Weltwirtschaft über.

Wichtiger noch als die Durchführung der Arbeitsteilung im nationalen Maßstabe ist das durch die Eisenbahnen ermöglichte Zusammenwirken aller produktiven Kräfte. Die nationale Teilung der Arbeit wird erst fruchtbar durch den gegenseitigen Austausch. Dieser innere Verkehr überragt an Bedeutung und Umfang bei weitem die wirtschaftlichen Vorteile des Export- und Transithandels. Hier liegt eine besondere Aufgabe der Eisenbahnen, das Innere des Landes zu erschließen und die einzelnen Gegenden zum Austausch ihrer Kräfte und Erzeugnisse anzuregen.

„Welch unermeßliche Aussichten eröffnen sich uns nicht hier für die Erweiterung der menschlichen Tätigkeit? Schlesien, Bayern, Oberschwaben strotzen von Überfluß an Getreide, für welches sie nur einen beschränkten Markt haben; Baden, Rheinbayern, Niederschwaben, die Flußgebiete des Rheins und Mains wissen in fruchtbaren Jahren nicht wohin mit dem Überfluß ihrer Weine, während das nördliche Deutschland seinen Bedarf aus fremden Ländern bezieht; das Fichtelgebirge, der Harz, die hessischen und preußischen Gebirgsgegenden, das Erzgebirge und Böhmen sind voll von mineralischen Brennstoffen, während die Gewerbsindustrie in den Niederungen überall aus Mangel dazu erlahmt."[2])

Die Küstenstädte werden von ihren überseeischen Interessen abgelenkt, die ihnen eigentümliche, produktive Kraft des Kapitals wird für das Inland nutzbar gemacht, die im Auslande angelegten Kapitalien werden ins Vaterland zurückkehren, um im Eisenbahnbau verwandt zu werden.

Die Schnelligkeit und Regelmäßigkeit des Transports wird bessere Ausnutzung von Konjunkturen ermöglichen[1]). Für besondere Zwecke kann man vorübergehend größere Arbeitermassen zusammenziehen, z. B. in der Erntezeit. Andererseits werden Schwankungen im Wirtschaftsleben vermieden. Hungersnot und Teuerung werden durch Lebensmittelzufuhr aus entfernten Gegenden verhindert. Gewerbliche Krisen

---

[1]) Staatslexikon, 4. Bd., S. 666.
[2]) Bericht des Leipziger Eisenbahnkomitee, S. 16.
[3]) Vgl. S. 6: Getreidekonjunktur.

werden seltener, da man die Vorräte nach dem Bedarf regeln kann und nicht mehr wie früher auf ungewissen Absatz hin große Mengen von Waren und Rohstoffen aufzuspeichern braucht. Zugleich ist mit dieser Anpassung der Vorräte an die tatsächliche Nachfrage eine bedeutende Zinsenersparnis verbunden.

Für Deutschland haben die Eisenbahnen in bezug auf die Vereinigung der produktiven Kräfte noch eine besondere Bedeutung. Deutschland ist durch seine Bodenbeschaffenheit auf die gewerbliche Ausnutzung der Wasserkraft angewiesen; während die Anwendung der Dampfkraft in der Industrie Arbeitsteilung, Konzentration von großen Fabriken und Kapitalien, Ansiedlung in der Nähe der Ausfuhrhäfen ermöglicht, sind mit der Wasserkraft gewisse Nachteile gegeben. Die gewerblichen Anlagen sind an das Innere des Landes gebunden, von der Küste entfernt. Die Unternehmungen sind vereinzelt über das Land verstreut, können sich nicht gegenseitig unterstützen. Die Rohstoffe müssen aus entfernten Häfen herbeigeschafft werden; der Transport verteuert sie. Es sind große Vorräte nötig. Jede Schwankung bedroht die Existenz des Unternehmens. Das sind die Nachteile, in denen sich die mit Wasserkraft arbeitende deutsche Industrie gegenüber der englischen befindet, die die Dampfkraft benutzt. Die Eisenbahnen heben diese Nachteile auf. Bezug der Rohstoffe und Arbeitsprodukte werden erleichtert und verbilligt. Geschäftliche Beziehungen lassen sich leichter anknüpfen, die technischen Fortschritte anderer Gegenden werden bekannt und genutzt, fremde Arbeiter können herbeigezogen werden. Dagegen bleiben die mit der Wasserkraft verbundenen Vorteile bestehen: die Vereinzelung der Fabrikanlagen bewirkt eine gleichmäßige Verteilung über das ganze Land, verhindert ungesunde Konzentration, übt einen gleichmäßigen Einfluß auf den Ackerbau aus. Die Fabriken gehen nicht über das Maß von Kleinbetrieben hinaus, die mit genügender Vorsicht geleitet werden und nur geringen Schwankungen ausgesetzt sind.

Indem die Eisenbahnen einerseits die nationale Arbeitsteilung, andererseits die Vereinigung der produktiven Kräfte fördern, tragen sie letzten Endes dazu bei, das Gleichgewicht zwischen Landwirtschaft und Industrie herzustellen. Deutschland steht noch unter dem Zeichen der überwiegenden Ackerwirtschaft. Ihr Anteil an den wirtschaftlichen Kräften der Nation steht nach Lists Berechnung zur Industrie wie etwa 3 : 1. Erstrebenswert ist es, daß die gewerbliche und landwirtschaftliche Produktion gleich stark vertreten sind im Verhältnis von 1 : 1.

„Dies ist derjenige Zustand, in welchen die durch Klima und Territorialbesitz begünstigte Nation ihr Bedürfnis an Manufakturwaren selbst produziert und ihr Bedürfnis an Kolonialwaren im direkten Verkehr mit Manufakturwaren bezahlt"[1]).

List ist der Ansicht, daß vermittelst der Eisenbahnen die industrielle Entwicklung Deutschlands solche Fortschritte machen wird, daß sich in 10 bis 15 Jahren (1841 geschrieben) das Verhältnis auf 2 : 1 gestellt haben wird.

2. Einfluß auf die geistige Kultur.

Die wichtigste Beförderung durch die Eisenbahnen ist nach List die der Menschen. Die Bereicherung rein geistiger und menschlicher Beziehungen mit Hilfe der Eisenbahnen stellt er noch höher als ihren wirtschaftlichen Nutzen. Ein feines Verständnis auch für den Interessenkreis des Individuums spricht aus den Worten:

„Wie vieler Kummer wird nicht erspart, wie viele Freuden nicht gewonnen, wenn entfernte Verwandte und Freunde sich mit Blitzesschnelle von ihren Zuständen und Begegnissen Nachricht geben können und ihnen das Wiedersehen nun so viel leichter erreichbar ist"[2]).

Des weiteren erkennt List die Bedeutung der Eisenbahnen für schnelle Hilfeleistung bei größeren Unglücksfällen. Dazu gewähren sie Schwachen und Kranken die Möglichkeit, in entfernten, heilkräftigen Gegenden ihre Gesundheit wiederherzustellen. Überhaupt kommt die erhöhte Verkehrsmöglichkeit in erster Linie wie den Alten und Schwachen, so auch den mittleren und unteren Bevölkerungsschichten zugute. Ihr Anteil an den Kulturgütern wird in größerem Maße gesteigert als der der besitzenden Klasse.

Der Reiseverkehr wird sich heben; nicht nur zu geschäftlichen Zwecken, auch zur Erholung, zum Vergnügen, zum Genuß schöner Gegenden wird man reisen. Die Eisenbahn steigert die Möglichkeiten, das Leben mit Schönheit und Freude zu schmücken.

Die Beziehungen der Menschen werden vielfältiger und enger durch die Beförderung des Briefverkehrs. Ihr geistiger Horizont erweitert sich durch die Ausdehnung, die das Zeitungswesen und der Austausch sonstiger literarischer Erscheinungen, der Erzeugnisse von Künsten und Wissenschaften durch die schnellere Beförderung erleben werden. Die Eisenbahn als „Kulturbeförderungsmittel bringt Talente, Kenntnisse und Geschicklichkeit jeder Art in Wechselwirkung."[3])

Durch die intensivere persönliche Berührung der Menschen ver-

---

[1]) Das deutsche Eisenbahnsystem, S. 6. (Deutsche Vierteljahrsschrift 1841, IV., S. 215.)
[2]) Staatslexikon, 4. Band, S. 660.
[3]) Das deutsche Eisenbahnsystem, S. 3. (Deutsche Vierteljahrsschrift 1841, IV. S. 213/14.).

schiedener Lebenskreise und Landesteile schwinden Vorurteile. Die Eisenbahnen ermöglichen dem Kaufmann den Besuch entlegener Meß- und Seeplätze, leichtere Anknüpfung von Beziehungen, die Eröffnung neuer Bezugsquellen und Absatzgebiete, Heranziehung fremder Arbeiter und neuer Industrien, dem Techniker und dem Handwerksgesellen den Aufenthalt in fremden Städten zum Studium der Fortschritte seines Gewerbes. Der Künstler kann in kurzer Zeit in entfernten Gegenden auftreten. Die studierende Jugend kann mit größerer Leichtigkeit die bedeutendsten Universitäten des In- und Auslandes aufsuchen. In wahrhaft prophetischer Weise beschreibt List den Einfluß der Eisenbahnen auf eine großzügige Organisation der geistigen Arbeit. Das moderne Zeitalter der Kongresse scheint in seinem Ausblick vorgebildet:

„Die Techniker und Landwirte Deutschlands werden, wie jetzt die deutschen Naturforscher, jährliche Versammlungen halten, und es ist nicht unwahrscheinlich, daß infolge des erleichterten Verkehrs sich Nationalvereine und Versammlungen für spezielle Zweige der Literatur, der Künste und der Industrie bilden, wie z. B. Versammlungen der deutschen Rechtsgelehrten, der Historiker, Nationalökonomen und Staatsgelehrten, der Theologen, Sprachforscher und Erzieher, der Ästhetiker und Schauspieler, der bildenden Künstler, der Tonkünstler, der Mechaniker und mechanischen Fabrikanten, der Chemiker und chemischen Fabrikanten, der Bergleute und Eisenwerkbesitzer, der gelehrten und praktischen Ökonomen, der Forstmänner, der Schafzüchter, der Seidenzüchter usw.[1])

Die Eisenbahnen werden durch die Zusammenfassung und gegenseitige Steigerung und Ergänzung aller geistigen und Kulturkräfte für Deutschland das bedeuten, was andere Länder in einer geistig führenden Zentrale besitzen. Abschließend sagt List über diese Seite ihrer Wirkung:

„Hieraus geht hervor, daß der Eisenbahntransport mehr geistig als materiell, mehr durch die Menschen als durch die Sache, mehr auf die produktiven Kräfte als auf die Verbreitung der Produkte, endlich qualitativ mehr auf die Bildung, das Wohlsein und die Genüsse der produzierenden Klassen als der konsumierenden zu wirken bestimmt ist."[1])

3. Wirkung auf das politische Leben.

Daß List, der Politiker, auch sofort die Wirkungen des neuen Verkehrsmittels auf das staatliche Leben und den nationalen Gedanken ins Auge faßt, ist selbstverständlich. Er erhofft von den Eisenbahnen eine Stärkung des Nationalgeistes durch die Vernichtung der Kleinstaaterei und des provinzialen Partikularismus infolge des gesteigerten Verkehrs der Menschen untereinander. Einer solchen Stärkung bedarf Deutschland mehr als jede andere Nation, weil es politisch zerrissen ist. Indem die einzelnen Bundesstaaten durch Eisenbahnen in innigere Berührung gebracht und zu gegenseitigem Austausch der geistigen und

---

[1]) Staatslexikon, 4. Band, S. 657 und 655.

politischen Kräfte angeregt werden, finden sie Ersatz für eine Nationalhauptstadt, nehmen an den Vorteilen einer solchen teil, ohne ihre Nachteile mit in Kauf nehmen zu müssen, genießen die Vorzüge eines Zentralisationssystems, ohne die befruchtenden Wirkungen des Bundesstaates aufzugeben. Das Volk wird zu politischem Denken erzogen, der Staatsgedanke gestärkt. Die Eisenbahnen sind „das Nervensystem des Gemeingeistes wie der gesetzlichen Ordnung; denn es verleiht in gleichem Maße Kraft der öffentlichen Meinung wie der Staatsgewalt"[1]). Für die Staatsgewalt bedeuten die Eisenbahnen eine vielseitige Stärkung. Durch ein nationales Transportsystem wird Deutschland zu ökonomischer Unabhängigkeit vom Auslande gelangen. Die wirtschaftliche Hebung des Volkes steigert die Steuerkraft. Der Staat wird finanziell gestärkt durch Einnahmen aus dem Postwesen, Ersparnissen im Heeresetat. Die Versetzung von Garnisonen, die Ausführung öffentlicher Bauten wird auf geringere Schwierigkeiten stoßen. Die Verwaltung erhält größere Beweglichkeit, die Kontrolle wird erleichtert. Rasche Zuziehung von Sachverständigen zu wichtigen Beratungen wird möglich. Die gesetzgebenden Körper können mit größerer Schnelligkeit einberufen werden.

„Der ganze Organismus des Staats überhaupt wird an geistiger und nationaler Kraft in demselben Verhältnis gewinnen, wie alle einzelnen Individuen zusammengenommen."[2])

Auch die Stellung zu anderen Nationen wird durch das Eisenbahnsystem beeinflußt. Deutschland wird seine „Nationalintegrität" behaupten und befestigen, sei es durch die allgemeine Hebung seines Ansehens infolge der Inangriffnahme eines so bedeutenden Unternehmens, sei es durch bestimmte Maßregeln gegen fremde Staaten mit dem Eisenbahnsystem. So weist List im Jahre 1836 in seinem Eisenbahnjournal darauf hin, daß die Eisenbahn Cöln—Antwerpen für Belgien infolge der dadurch erzielten Unabhängigkeit von den holländischen Zollbedrückungen eine moralische und nationale Stärkung bedeutet,[3]) eine Wirkung, die List gleicherweise auch entsprechend für Deutschland erwartet.[4]) Unter dem Eindruck der von Frankreich drohenden Kriegsgefahr schreibt er 1841:

„Wenigstens wüßten wir nicht, wie Deutschland bei dem gegenwärtigen Stand der Dinge den Franzosen das Vertrauen in seine Kraft besser zu betätigen vermöchte als durch das Angreifen eines so großen Friedenswerkes."[5])

---

[1]) Das deutsche Eisenbahnsystem, S. 4. (Deutsche Vierteljahrsschrift 1841, IV. S. 214.)
[2]) Staatslexikon, 4. Band, S. 676.
[3]) Eisenbahn-Journal 1836. Nr. 22, S. 224.
[4]) Eisenbahn-Journal 1835. Nr. 5, S. 72, 78.
[5]) Allg. Ztg. 1841. Nr. 19, Beil.

Schon 1835 hatte er bei seinem Berliner Aufenthalt der preußischen Regierung nahegelegt, welche nationale Wirkung das Vorangehen Deutschlands in dieser Angelegenheit haben würde.[1]) Er bringt den Gedanken unermüdlich immer wieder vor, um die deutschen Regierungen zu „diesem großen Beispiel überlegener Tatkraft" aufzurufen. „Dem deutschen Nationalgeist dürfte einige Stärkung seines Selbstvertrauens nicht schaden."[2])

Nationale Behauptung Deutschlands ist ihm nur ein Mittel zur Aufrechterhaltung des Friedens. Die Hoffnung auf einen zukünftigen Weltfrieden, auf eine Universalföderation liegt im Hintergrunde seiner Gedanken. Zur Erreichung dieses fernen Zieles werden nach Lists Meinung auch die Eisenbahnen beitragen durch die engere Verbindung der Nationen.

„Wie schnell werden bei den kultivierten Völkern Nationalvorurteile, Nationalhaß und Nationalselbstsucht besseren Einsichten und Gefühlen Raum geben, wenn die Individuen verschiedener Nationen durch tausend Bande der Wissenschaft und Kunst, des Handels und der Industrie, der Freundschaft und Familienverwandtschaft miteinander verbunden sind. Wie wird es noch möglich sein, daß die kultivierten Nationen einander mit Krieg überziehen, wenn die große Mehrzahl der Gebildeten miteinander befreundet sind."[3])

4. Militärische Bedeutung.

Neben der politischen Wirkung der Eisenbahnen konnte ihre militärische Bedeutung dem vielseitigen Interesse Lists nicht entgehen. Aus der mannigfaltigen Beleuchtung, die er dem Problem zu geben weiß, lassen sich zwei leitende Gesichtspunkte herausstellen: die Wirkung auf die Beweglichkeit der Armeen und die Verstärkung der Verteidigungsstellung.

Mit der natürlichen netzartigen Ausgestaltung des Eisenbahnsystems ist eine gute Handhabe gegeben, um vom Zentrum aus die Truppen planmäßig nach allen Hauptgrenzpunkten zu dirigieren. Die Bahn ist zum Transport von Kavallerie und Artillerie nicht weniger geeignet wie zum Infanterietransport, und zwar bei einer Ersparnis von $4/5$ bis $5/6$ aller Kosten. Während List noch 1834 einen ausschließlich dem Kriegsdienst vorbehaltenen Fahrapparat für nötig hält, kommt er in späteren Jahren davon ab, schon wegen der zu erwartenden Fortschritte der Technik. Es wird genügen, wenn der Staat im Kriegsfalle die Transportmittel der privaten Bahnen für seine Zwecke mit Beschlag belegt und allenfalls durch eigene Apparate ergänzt. Die durch die Eisenbahnen erzielte Beweglich-

---

[1]) Ges. Schriften 1. Teil. S. 218.
[2]) Allg. Ztg. 1841. Nr. 28.
[3]) Staatslexikon, 4. Band, S. 660.

keit der militärischen Unternehmungen wird eine Reihe von Vorteilen mit sich bringen. Die bedrohten Punkte sind schnell zu erreichen. Die Bewegungen werden nicht durch das Mitführen des Trains gehemmt, da die Vorräte an Lebensmitteln und Munition regelmäßig nachgesandt werden. Das Innere des Landes wird nicht durch Einquartierungen erschöpft. Die Truppen sind nicht durch lange Märsche ermüdet und greifen noch mit frischen Kräften an. Ganz modern mutet einen die Aussicht an:

„Haben sie ihn (den Feind) auf einem Punkte lahm geschlagen, so können sie am zweiten oder dritten Tage nach der Schlacht auf einem anderen 50 bis 100 Meilen entfernten Punkte mit gleichem Erfolg verwendet werden.[1])"

Der Verwundeten- und Krankentransport wird erheblich erleichtert und beschleunigt und mit größerer Schonung verbunden sein. Nach Beendigung des Krieges wird man wegen der Möglichkeit, unter Umständen schnell neue Truppen heranzuführen, keine Beobachtungsarmeen mehr unterhalten müssen. Die Auflösung der Heere vollzieht sich mit der gleichen Pünktlichkeit wie ihre Aufstellung.

„Im schönsten Lichte stellen sich uns aber diese Wirkungen dar, wenn wir bedenken, daß alle diese Vorteile fast ausschließlich der Verteidigung zustatten kommen, daß es zehn Mal leichter ist, defensiv und zehn Mal schwerer als bisher, offensiv zu agieren.[2])"

„Ein vollständiges Eisenbahnsystem wird das ganze Territorium einer Nation in eine große Festung verwandeln, die von der ganzen streitbaren Mannschaft der angegriffenen Nation mit der größten Leichtigkeit und dem geringsten Kostenaufwand und den geringsten Nachteilen für das Land verteidigt werden kann.[3])"

Zur Erreichung dieses Zweckes schlägt List vor, die Eisenbahnlinien in gewissen Abständen durch besondere Verteidigungswerke zu befestigen. Die Möglichkeit, durch Aufbruch der Bahn dem Feinde ihre Benutzung zu entziehen, verstärkt ihren defensiven Charakter. Auf konkrete Möglichkeiten eingehend, weist List darauf hin, welche Rolle die Eisenbahnen für die gegenseitige Hilfeleistung der westlichen Grenzfestungen spielen werden:

„Je mehr die Grenzfestungen Cöln, Coblenz, Mainz, Germersheim, Landau, Rastatt Mittel besitzen, einander Streitkräfte mitzuteilen, desto besser werden sie sich halten.[4])"

Für Württemberg und Baden ist der Bau von Eisenbahnen geradezu eine Existenzfrage, da sie sonst schutzlos jedem französischen Einfall preisgegeben sind. Für den Westen wird ein vollständiges deutsches System von strategischer Bedeutung für Mittel- und Niederrhein so gut

---

[1]) u. [2]) Berichte des Eisenbahn-Comité, S. 19. Eisenbahn-Journal 1836, Nr. 40, S. 149.
[3]) Berichte des Eisenbahn-Comité, S. 20.
[4]) Ges. Schriften, 2. Teil, S. 244.

wie für Niedermain und Oberrhein sein. Sollte dagegen der Osten bedroht sein, so würde ihm ganz Süd- und Westdeutschland zu Hilfe kommen können. Daß List auch die Möglichkeit eines gleichzeitigen Angriffs von Rußland und Frankreich in Erwägung zieht, wurde schon erwähnt. Weil Deutschland von allen Seiten offen ist, bedarf es umsomehr einer Verstärkung seiner von Natur unzulänglichen Verteidigungsmittel. Selbst wenn es nicht bauen wollte, um die eigene strategische Position zu stärken, so wäre es doch dazu gezwungen, um wenigstens mit den Nachbarstaaten auf der gleichen Höhe der Aktionsfähigkeit zu bleiben.

In allzu großem Optimismus glaubt List sogar eine allmähliche Vernichtung des Krieges durch die Eisenbahnen voraussagen zu können, da die Nationen, durch ihre Eisenbahnsysteme einander an militärischer Kraft gleichstehend, nicht auf eine völlige Niederwerfung des Gegners rechnen können.

„Die erste und größte Hauptwirkung des Eisenbahnsystems in dieser Beziehung ist demnach die, daß die Invasionskriege aufhören; es kann nur noch von Grenzkriegen die Rede sein. Da aber die Erfahrung bald lehren wird, daß Grenzkriege, deren Siege nicht bis ins Innere verfolgt werden können, sich als zweck- und erfolglose Raufereien im großen darstellen, so dürften die Kontinental-Nationen demnächst zur Überzeugung gelangen, daß es für alle am klügsten wäre, wenn sie in Frieden und Freundschaft nebeneinander wohnten.... So wird das Eisenbahnsystem aus einer Kriegs-Milderungs-, Abkürzungs- und Verminderungsmaschine am Ende gar eine Maschine, die den Krieg selbst zerstört."[1])

Grundzüge der Linienführung und Vorschläge für den geographischen Ausbau eines deutschen Eisenbahnsystems.

Wie die Bedeutung der Eisenbahnen nur unter dem Gesichtspunkt des inneren Zusammenhangs und der Wechselbeziehung der Gesamtheit ihrer einzelnen Wirkungen richtig erfaßt werden kann, so sind wiederum diese Wirkungen abhängig von dem planmäßigen Ausbau eines vollständigen Systems. Immer wieder betont List den Gedanken,

„daß die Wichtigkeit der Eisenbahnen erst in ihrem vollen Licht erscheine, wenn die Totalwirkung eines ganzen Systems auf die Totalität sämtlicher moralischen und erwerbenden Kräfte einer ganzen Nation ... in Betrachtung gezogen würde.[2])"

Der Ausbau darf nicht dem Zufall und dem Privatinteresse überlassen werden. An dem Beispiel Englands weist List nach, daß ein unsystematisches Verfahren ein sehr kostspieliger Fehler ist, unnötige Aus-

---

[1]) Berichte des Eisenbahn-Comité, S. 20. Eisenbahn-Journal 1836. Nr. 30. S. 150.

[2]) Über ein sächsisches Eisenbahn-System. S. 22/23.

gaben erfordert und die Rentabilität der einzelnen Strecken beeinträchtigt. Wenn auch England bei seinen natürlichen reichen Hilfsquellen solche Verluste verschmerzt, so wird Deutschland, das mit seinen wirtschaftlichen Kräften sorgfältig haushalten muß, solche Fehler nicht begehen dürfen, wenn es nicht von vorneherein den Erfolg seiner Eisenbahnunternehmungen in Frage stellen will. Die Einträglichkeit der einzelnen Linien hängt davon ab, ob sie ihre Wirkung allseitig mit Hilfe planmäßig angeschlossener Unternehmungen ausdehnen können; in der Isolierung dagegen sind sie nahezu wertlos. Die Durchführung eines vollständigen harmonischen Systems erfordert daher im Interesse des Erfolges, den Ausbau wenigstens der rentabelsten Hauptlinien möglichst gleichzeitig in Angriff zu nehmen. An diese müssen sich bald die Seitenlinien anschließen, die den Verkehr der entfernteren Gegenden aufsaugen und den großen Routen zuführen. Des öfteren vergleicht List Hauptrouten ohne entsprechende Ergänzungen durch Nebenbahnen mit einem Arm ohne Hand, der Wirkungsmöglichkeit beraubt. Erst der Ausbau eines vollständigen Systems ermöglicht es, aus den Überschüssen nach und nach auch weniger rentable Linien anzulegen und damit solche Gegenden in den nationalen Verkehr einzubeziehen, die sonst durch die Ungunst ihrer Lage davon ausgeschlossen sind.

Nach welchen Gesichtspunkten soll der Ausbau des Systems erfolgen? Als Hauptursache der von List gerügten Fehler einer planlosen und unzweckmäßigen Linienführung weist er das einseitige Interesse der Technik oder der Spekulation nach.

„Vergebens war die Protestation derjenigen, welche behaupteten, daß auf dem Grund der von dem Techniker gelieferten Daten der Nationalökonom, der Stratege, der Kaufmann, der Finanzmann jenem die Richtung der Routen und die Bauart vorzuschreiben habe."[1])

Unter diesen Gesichtspunkten nimmt die Rücksicht auf die nationalökonomische Bedeutung einer Linie den ersten Rang ein. Aber gerade hier ist eine möglichst allseitige Beleuchtung der in Frage stehenden Interessen notwendig. Die Linienführung darf nicht einseitig auf ein bestimmtes einzelnes Erfordernis der Industrie oder der Landwirtschaft eingestellt werden, womöglich gar unter Vernachlässigung oder Schädigung anderer wirtschaftlicher Interessen. Ein praktisches Beispiel möge hier Lists Auffassung erläutern: Er bekämpft das Projekt Bamberg—Hof—Leipzig zugunsten der Verbindung Bamberg—Eisenach. Die erste Strecke würde zwar Bayern mit dem sächsischen Kohlengebiet verbinden, dagegen seine Handelsbeziehungen nach dem nordwestlichen und nördlichen Deutschland außer acht lassen. Die Linie Bamberg—Eisenach würde dagegen durch den Anschluß an die große Ost-West-Route alle drei Wege, d. h. auch nach

---

[1]) Allg. Ztg. 1843, Nr. 183/4.

Nordosten für Bayern erschließen und außerdem, wenn auch auf dem Umwege über Leipzig, die Verbindung mit Sachsen herstellen.

Bei der Herstellung des Systems ist hauptsächlich auf die Beförderung des inneren Verkehrs und die Erschließung der wirtschaftlichen Hilfsquellen des eigenen Landes Rücksicht zu nehmen. Der Anschluß an Auslandstrecken — Linien für den Ausfuhr- und Durchfuhrhandel — kommt erst in zweiter Linie in Betracht. Daher empfiehlt sich die linksrheinische Linie Mainz-Basel nicht nur, weil sie den auswärtigen Beziehungen dient — die Verbindung mit Frankreich und der Schweiz herstellt —, sondern hauptsächlich, weil sie wegen der großen Zahl der Städte auf einen größeren Lokalverkehr zu rechnen hat als die rechtsrheinische Linie. Überhaupt soll sich die Linienführung zunächst an städtereiche, bevölkerte Gegenden halten, da auf solchen Strecken schon der Personenverkehr von Ort zu Ort das Unternehmen rentabel macht. Des weiteren sind landschaftlich schöne Gegenden wegen des zu erwartenden Reiseverkehrs zu bevorzugen, weshalb List bei der Leipzig-Dresdner Bahn eifrig, aber ohne Erfolg, die Strecke über Meißen befürwortete.

Aus Rücksicht auf den inneren Verkehr bekämpfte er auch solche Projekte, die die Eisenbahnverbindung zwischen zwei bedeutenden Orten ohne Rücksicht auf andere Gesichtspunkte nur auf dem kürzesten Wege herstellen wollen. Das klassische Beispiel ist sein oben geschildertes Eingreifen zugunsten der thüringischen Bahn an Stelle der Verbindung Cassel—Halle durch preußisches Gebiet. Der kürzeste Weg ist nicht immer der vorteilhafteste. Die Linie soll möglichst nicht durch Ackerbaugegenden, sondern durch bevölkerte Industriegebiete geführt werden, da solche den größten Personenverkehr und den gewinnreichsten Gütertransport verbürgen; dagegen ist der Transport landwirtschaftlicher Produkte nur eine Zugabe, und dieser auch wieder von der Zahl der berührten Städte abhängig, da die meisten Lebensmittel keinen weiten Transport vertragen. Eine Linie ist aber nur dann zu empfehlen, wenn ein bestimmter Umfang des Transportes gesichert ist. Die Eisenbahnen sollten daher auch aus politischen und kommerziellen Gründen möglichst den alten Handelsstraßen folgen. Sie würden wirtschaftlich geradezu schädigend wirken, wenn sie durch gewaltsame neue Linien den alten Handel ableiten wollten. Andererseits soll aber auch nicht jede in dem betreffenden Gebiet gelegene Stadt mit großen Umwegen berührt werden, lieber verbinde man sie durch Nebenlinien mit der Hauptstrecke. Da die Flüsse die natürlichen Wege für den Verkehr bilden, „die Arterien" eines Landes sind, so ist es ratsam, die Bahnen möglichst dem Laufe der Haupt- und Nebenflüsse anzuschließen, wie List es z. B. für Württemberg vorschlägt. Wo die Täler zu starke Windungen haben oder zu eng sind, empfiehlt sich die Linienführung auf der halben Höhe der Abhänge oder über zusammenhängende Bergrücken. Gebirgsübergänge sind gleichfalls unter möglichster Benutzung der Flußtäler bis zur Wasserscheide zu bewerkstelligen. Weiterhin empfehlen sich Verbindungen zwischen Gebirgen und Ebenen, weil diese auf den gegenseitigen Austausch ihrer Produkte angewiesen sind und also auf alle Fälle einen gesicherten Verkehr bieten. Auch solche Linien sind möglichst direkt aus den Gebirgen an die großen Flußsysteme zu führen, die sich zur Dampfschiffahrt eignen.

Sind Umwege, wie oben gezeigt wurde, vorteilhaft, wenn sie volkswirtschaftlich wichtige Gegenden berühren, so sind sie es auch in dem Falle, daß dadurch entweder ein schwieriges Gelände umgangen oder der Anschluß an andere Hauptlinien erreicht wird. Der Verkehr wird sogar trotz des Umweges gegenüber der kürzeren aber unvorteilhafteren Strecke beschleunigt werden, denn einmal kann auf günstigem Gelände eine größere Geschwindigkeit erzielt werden, sodann rentiert eine Linie mit größerem Verkehr besser, kann folglich in kürzeren Abständen Wagenzüge entsenden; die Frachtpreise stellen sich niedriger, der Verkehr geht infolge der häufigeren Anschlüsse schneller von statten als auf der kürzeren Linie, welche wegen der geringeren Frequenz längere Wartezeiten nötig macht.

„In kommerzieller und finanzieller Beziehung ist nicht die kürzeste, sondern diejenige Linie die vorzüglichste, welche Güter und Personen am schnellsten und wohlfeilsten zu transportieren vermag." [1]

Für die Rentabilität des Systems ist es wichtig, daß die Linienführung den gegebenen Verhältnissen angepaßt wird. Man soll deshalb mit den leicht ausführbaren Strecken beginnen, die schwierigeren und kostspieligeren der Zukunft mit ihren zu erwartenden Fortschritten überlassen. Unter Umständen kann man durch Tragplätze die Verbindung zwischen zwei Eisenbahnlinien herstellen, auf denen der Verkehr, weil das Gelände für den Bahnbau zu schwierig ist, durch Chausseen von einer Bahn zur anderen vermittelt wird.

Vor allem sind Parallelbahnen und sonstige Konkurrenzlinien zu vermeiden. Für den Anfang des Verkehrs ist höchstens die Rentabilität für eine Linie gesichert. Auch solche Bahnen, die die alten Handelswege verlassen, sind an sich als Konkurrenzbahnen anzusehen, da der Verkehr auf den alten Straßen mit innerer Notwendigkeit bald eine Eisenbahnlinie hervorrufen muß, die dann unter der Beeinträchtigung durch die neue Linie zu leiden hat. Bei derartigen Konkurrenzbahnen — List führt als abschreckendes Beispiel verschiedentlich die Bahnen Paris—Versailles an und bekämpft mit den besprochenen Gründen die Projekte Halle—Cassel und Bamberg—Hof — erreicht keine Linie ihre volle Rentabilität.

---

[1] Allg. Ztg. 1840, Nr. 232 ff.

Nur auf Strecken mit sehr starkem Verkehr bedeuten Parallelbahnen keine schädigende Beeinträchtigung, wie List z. B. glaubt, daß die Strecke Berlin—Magdeburg eine Doppellinie vertragen könne, als Bestandteile der Bahnen Hamburg—Berlin einerseits und Berlin—Leipzig andererseits.

An dieser Stelle möge kurz eingefügt werden, was List über das Verhältnis der Eisenbahnen zur Fluß- und Kanalschiffahrt denkt. Er gibt den Eisenbahnen bei weitem den Vorzug. Das Eisenbahnnetz kann man nach den jeweiligen Bedürfnissen des Handels und Gewerbes ausbauen, bei der Anlegung von Kanälen ist man einerseits an vorhandene Wasserläufe gebunden, andererseits durch Geländeschwierigkeiten in der Wahl der Richtung beschränkt. Nur da, wo die Natur des Geländes (Ungarn) auf die Anlegung von Kanälen weist, sind solche vorzuziehen. Schon der langsamere Eintritt der Rentabilität bei Kanälen gegenüber dem baldigen Nutzertrag der Eisenbahnen ist ein Nachteil. Ein besonderer Vorzug des Eisenbahntransportes vor der Schiffahrt besteht in seiner Unabhängigkeit von der Witterung. Er erleidet keine Unterbrechung im Winter. Andere Nachteile des Schiffstransportes sind die geringere Geschwindigkeit und Pünktlichkeit, welche selbst die Dampfbootfahrt für den Personenverkehr ungeeignet machen. Weit entfernt davon, die Eisenbahnen zu ersetzen, ist dagegen die Kanal- und Flußschiffahrt eine notwendige Ergänzung. Man kann geradezu von einer Arbeitsteilung zwischen beiden sprechen. Die Eisenbahn übernimmt den Personen- und Briefverkehr, verbindet die Menschen untereinander, fördert die Geschäftstätigkeit, übernimmt einen Teil des Gütertransportes, nämlich den Versand von Fabrikaten und wertvollen Rohstoffen, von deren schneller Beförderung eine Ersparnis der Zinsen abhängig ist. Die Schiffahrt übernimmt schwere und billige Güter, bei denen es auf Schnelligkeit und Regelmäßigkeit nicht ankommt, Baumaterialien und andere. Unersetzlich ist die Eisenbahn während der Wintermonate, in denen die Schiffahrt unterbrochen ist, besonders für den Transport solcher Waren, deren Verbrauch infolge einer Unterbrechung des Bezuges wieder zurückgehen müßte, weil er erst durch verbesserte Beförderungsmittel ins Leben gerufen wurde, z. B. bei Steinkohlen. Die Eisenbahnen müssen zeitlich den Kanälen vorangehen, sie müssen erst die wirtschaftlichen Kräfte wecken und das Bedürfnis nach bedeutenden Transporten großziehen, dann erst kommen die Kanäle ergänzend hinzu. Bei vergrößertem Verkehr bedeutet es für die Eisenbahn geradezu eine Entlastung, den Transport schwerer Massengüter der Schiffahrt zu überlassen. Bei der Anlage von Eisenbahnen und Kanälen ist auf planmäßige Verbindung beider Systeme Rücksicht zu nehmen.

Seine besondere Aufmerksamkeit wandte List der praktischen geographischen Ausgestaltung des deutschen Eisenbahnsystems zu. Deutschland hat ein solches System einerseits in besonderem Maße nötig, andererseits gewinnt es dadurch europäische Bedeutung.

„Deutschland ist mit Ausnahme der Schweiz dasjenige Reich, das mit Seeküsten und Flußschiffahrt von der Natur am stiefmütterlichsten bedacht worden ist, das also künstlicher Transportmittel am meisten bedarf.[1]) Durch seine geographische Lage wie durch seine übrigen Zustände ist offenbar Deutschland berufen, das Zentrum des europäischen Kontinental-Transportsystems zu bilden."[2])

In seiner schon 1833 entworfenen Karte sieht List folgende Linien vor:

Prag—Dresden—Leipzig;
Leipzig—Wittenberg—Berlin;
Leipzig—Halle—Magdeburg;
Leipzig—Thüringen—Hersfeld;
Berlin—Breslau;
Berlin—Thorn—Danzig;
Berlin—Stettin;
Berlin—Hamburg;
Hamburg—Lübeck;
Hamburg—Bremen;
Bremen—Hannover;
Hannover—Braunschweig—Magdeburg;
Hannover—Cassel—Hersfeld;
Hannover—Minden—Cöln;
Hersfeld—Frankfurt—Darmstadt—Mannheim—Karlsruhe—Kehl—Basel;
Karlsruhe—Stuttgart—Augsburg—München;
Augsburg—Lindau;
Thüringer Bahn—Bamberg—Nürnberg—München;
Leipzig—Zwickau mit Zweig nach Chemnitz.[3])

In seinem Artikel im Staatslexikon entwirft er folgende Hauptlinien als Grundzüge des deutschen Systems:[4])

I. West-Ostlinien.

Lüttich—Aachen—Cöln—Elberfeld—Minden—Hannover—Braunschweig—Magdeburg—Berlin—Rußland;
Rheinpfalz—Mannheim—Frankfurt—Thüringen—Leipzig—Dresden—Berlin—Breslau;
Straßburg—Karlsruhe—Stuttgart—Augsburg—München—Passau—Wien, durch Ungarn nach der Türkei und dem Orient.

II. Nord-Südlinien.

Hansestädte—Hannover—Cassel—Frankfurt nach Frankreich, durch Baden oder Württemberg nach der Schweiz und Italien;
Hamburg—Berlin—Breslau—Wien—Triest;
Sachsen-Nürnberg-Augsburg-München-Bodensee-Zürich-Chur-Italien.

---

[1]) Staatslexikon, 4. Band, S. 681.
[2]) Staatslexikon, 4. Band, S. 680.
[3]) Die Karte ist wiedergegeben in dem Neudruck der Schrift: „Über ein sächsisches Eisenbahnsystem" sowie bei Schulze: „Die ersten deutschen Eisenbahnen", S. 26.
[4]) S. 776.

Sachsen, im Zentrum des damaligen Deutschland gelegen, ist berufen, den Anbau des deutschen Systems in die Wege zu leiten.[1]) Die Linie Leipzig—Dresden ist der natürliche Anfang des Systems. Von hier aus lassen sich folgende Linien anknüpfen: Magdeburg—Berlin—Schlesien—Böhmen—Bayern—Frankfurt. Für Sachsen hat sie die Bedeutung, daß sie Leipzig mit der Elbe verbindet. Für den innersächsischen Verkehr ist die wichtigste Linie die Verbindung mit dem Erzgebirge zur Beförderung der dortigen Gewerbe sowie der Ausnutzung der Zwickauer Steinkohlenlager. Die Bahn wird von Oschatz über Chemnitz nach Zwickau und Hof führen und so einerseits in Oschatz an die Strecke Leipzig—Dresden, andererseits in Hof an die Strecke Leipzig—Nürnberg anschließen und in besonderem Maße zur Hebung von Chemnitz beitragen, dem List für die Zukunft die Bedeutung eines „Manchester und Birmingham von Deutschland" zuschreibt. Später bekämpft er allerdings die Verbindung nach Bayern über Hof als Konkurrenzbahn zu der aussichtsreicheren Strecke durch das bevölkerte thüringische Gebiet. (Vgl. oben S. 21.) Dagegen befürwortet er die Fortführung der sächsischen Bahnen in die Industriegegenden von Altenburg, Gera und Plauen. Ferner ist der Anschluß der Leipzig-Dresdener Bahn an die große ostwestliche Route herzustellen durch eine Zweigbahn von Dürnberg (zwischen Merseburg und Naumburg) nach Leipzig.

Mit dem sächsischen System steht das österreichische durch die Bahn Leipzig—Dresden—Prag—Brünn in Verbindung. Für die Linie Österreich—Bayern schlägt List eine Bahn längs der Donau vor, mit einer Abzweigung von Linz über Gmunden nach Salzburg und München, von welcher die Strecke Linz—Gmunden schon besteht. Die erste österreichische Linie Linz—Budweis wird verschiedentlich als geographisch und technisch unzulänglich verworfen. Sie ist zu leicht gebaut und führt durch eine wirtschaftlich bedeutungslose, verkehrsarme Gegend, daher ihr Mißerfolg. Erst wenn man sie über Budweis hinaus bis Prag ausbaute, würde sie als Mittelglied der Verbindung Sachsen—Niederösterreich Bedeutung gewinnen.

Wien als Mittelpunkt der österreichischen Bahnen wäre in Verbindung zu setzen einerseits mit Triest, andererseits über Teschen mit Breslau und Berlin. Besonders aussichtsreich ist die Linie Wien—Bochnia (östlich von Krakau), die sogenannte Kaiser-Ferdinands-Nordbahn, deren Rentabilität schon durch die galizischen Salzbergwerke sicher gestellt ist; bis zur Grenze fortgesetzt würde sie die Verbindung mit Polen und Rußland vermitteln. Von der Linie Wien—Bochnia ließe sich eine westliche Seitenbahn nach Olmütz und Brünn abzweigen, die, unter Wiederaufnahme der

---

[1]) Berichte des Eisenbahn-Comité, S. 17.

aus Mangel an Rentabilität aufgegebenen Strecke Prag—Pilsen bis Nürnberg durchgeführt, große Bedeutung erlangen würde. Die Linie Wien—Preßburg wäre bis an die türkische Grenze, schließlich bis Konstantinopel fortzusetzen und würde für den politischen Einfluß Österreichs auf die Türkei wie für die Beherrschung des Levantehandels wichtig werden. Im Zusammenhang der Erörterungen über die Reform des Königreichs Ungarn[1]) hat List für den Ausbau eines ungarischen Transportsystems eingehendere Vorschläge gemacht: Pferdebahnen für die Linien Raab—Stuhlweißenburg, Ofen—Stuhlweißenburg—Plattensee—Esseg, Pest—Temesvar—Debreczin—Siebenbürgen, Pest—Debreczin—Miskolcz—Eperies, Kanäle für die Strecken Szegedin—Donau—Esseg—Brod. Außerdem muß Österreich für eine Verbindung von Wien und Ungarn nach Venedig und Triest sorgen, weil dadurch erst die schon im Bau befindliche Strecke Venedig—Mailand wirtschaftlich und militärisch bedeutsam wird.

Ohne die Mitwirkung Preußens kann ein deutsches Eisenbahnsystem nicht zustande kommen. Preußen hat die günstigsten Vorbedingungen für den Bau von Eisenbahnen: vorteilhaftes Gelände, billiges Holz, billige Lebensmittel, niedrige Tagelöhne.

„Hier sind die produktiven Kräfte weit auseinanderliegender Provinzen unter sich und mit denen einer großen, in einer unfruchtbaren Gegend gelegenen Hauptstadt in Wechselwirkung zu bringen .... Nicht minder empfiehlt sich diese Maßregel im preußischen Staat durch die Aussichten, die sie gewährt in Beziehung ... auf die Verteidigung seiner Rheinlande. Durch ein von der Hauptstadt ausstrahlendes Eisenbahnsystem wird Berlin zum Zentralpunkt des größten Teils von Deutschland."[2])

Im einzelnen sieht List folgende Linien vor: Berlin—Breslau zur Erschließung des schlesischen Kohlengebiets mit der Weiterführung nach Wien, Berlin—Frankfurt a. O. (1841 schon im Bau) —Thorn—Danzig, Berlin—Stettin. Die Linie Berlin—Stettin ist zu fordern wegen der Bedeutung Stettins als Hauptstapelplatz für den Verkehr zwischen Bremen, Antwerpen, Cöln, Süd- und Mitteldeutschland einerseits, der Ostseeküste andererseits. In merkwürdiger Verkennung glaubt er, für den Verkehr im preußischen Osten genüge auf etwa 100 Jahre hinaus ein System von Pferdeeisenbahnen. Die Verbindung Berlins mit Hamburg soll mit einer Zweigbahn nach Brandenburg—Magdeburg auf dem rechten Ufer der Elbe erfolgen. In dieser Verbindung

„liege ein kräftiges Mittel, Hannover nicht allein zu eifrigem Vorschreiten in Sachen der Eisenbahn zu veranlassen, sondern ihm auch sowie allen anderen deutschen Ländern an der Nord- und Ostsee zum Anschluß an den deutschen Zollverein Motive zu geben."[3])

---
[1]) Ges. Schriften, 2. Teil, S. 299 ff.
[2]) Staatslexikon, 4. Band, S. 760.
[3]) Allg. Ztg. 1841, Nr. 27/28.

Aus ähnlichen Gründen ist Preußen interessiert an der Bahn Hamburg—Lübeck, die die Ostseehäfen von der Benachteiligung des Sundzolles befreit. Allerdings stößt gerade deshalb diese Bahn, die durch holsteinisches Gebiet führt, auf den Widerstand Dänemarks. (Vgl. S. 413.)

Der Anschluß Magdeburgs an die Eisenbahn ist notwendig, weil sonst sein Speditionshandel nach dem mittleren und südlichen Deutschland an Braunschweig verloren ginge, das über Hannover mit Hamburg durch eine Eisenbahn verbunden werden soll.[1]) Der Verbindung von Berlin mit Magdeburg legt List außerdem besonderes Gewicht bei, weil letzteres Sitz der Regierung ist. Daß er auf dieser Strecke selbst eine Konkurrenzbahn befürwortet, wurde oben schon erwähnt. Die zweite Linie soll über Potsdam—Roßlau nach Magdeburg führen und sich südlich in zwei Abzweigungen nach Halle und nach Leipzig teilen. Daß und weshalb List das preußische Projekt Halle—Cassel verwarf, wurde schon erörtert. Die strategisch wichtige Verbindung Berlins mit den westlichen Teilen der Monarchie soll über Magdeburg—Braunschweig—Hannover—Minden—Lippstadt nach Cöln führen, mit einer Zweigbahn von Lippstadt nach Cassel. Die Linie Berlin—Cöln ist eine militärische Gegenmaßregel gegen das französische Projekt einer Bahn Paris—Brüssel—Aachen—Cöln, während die Verbindung Berlin—Frankfurt einen Gegenzug gegen die Linie Paris—Metz—Oberrhein darstellen wird. Die rheinische Bahn Berlin—Cöln—Aachen—Eupen bedeutet durch die Verbindung des Rheins mit der Nordsee unter Umgehung Hollands eine Maßregel, dem auswärtigen Handel Preußens die holländischen Zollbedrückungen zu ersparen.

Statt der englisch-hannoverschen Pläne, Hamburg und Bremen mit Hannover durch je eine Linie zu verbinden, schlägt List eine Vereinigung dieser Linien vor in der Art, daß die beiden an einem mittleren Punkte im Innern des Landes zusammentreffen und so auch Hamburg und Bremen untereinander in Verbindung gesetzt werden (ähnlich dem Plan Berlin—Magdeburg—Hamburg.[2]) Auch würde die Linie Hamburg—Hannover für sich allein nicht rentieren, da die preußische Konkurrenzlinie auf dem rechten Elbufer, Hamburg—Magdeburg, einen Teil des Elbhandels an sich ziehen wird. Daß Hannover die Bahn nur bis Harburg bauen und das Unternehmen nicht durch eine kostspielige Brücke nach Hamburg belasten will, ist zwar nach Lists Ansicht nicht im Interesse von Harburg, das vielmehr durch diese Verbindung mit Hamburg bedeutend gewinnen

---

[1]) „Memoir über die Vorteile eines preußischen Eisenbahnsystems und insbesondere einer Eisenbahn zwischen Hamburg, Berlin, Magdeburg und Leipzig". Eisenbahn-Journal 1835, Nr. 2.

[2]) Eisenbahn-Journal 1835, Nr. 1.

würde. Zur besseren Ausnutzung des Elbhandels schlägt List die Fortführung der neuen Linie bis zur Elbemündung vor, da bei zunehmender Versandung der Elbe erst hier, unterhalb Hamburgs, ein Hafenplatz geschaffen werden kann.[1]) Von hier aus könnten die Güter für das Gebiet zwischen Rhein und Elbe unmittelbar durch die hannoversche Eisenbahn ihrem Bestimmungsort zugeführt werden. Dabei handelt es sich letzten Endes darum, den norddeutschen Handel nach Frankfurt und Straßburg gegen die drohende Konkurrenz des Handelsweges Rouen — Straßburg — Frankfurt zu schützen. Für das hannoversche Gebiet ist ferner die Erschließung von Ostfriesland von größter Bedeutung.[2]) Für die Verbindung der ostfriesischen Küste mit dem Hinterland ist die Linie Emden—Leer—Papenburg—Bingen—Münster deshalb zu fordern, weil der Wasserweg der Ems nicht geeignet ist, den Verkehr nach Westfalen und dem weiteren Hinterlande zu vermitteln. Durch den Anschluß dieser Strecke an die Cöln-Mindener Bahn könnten Emden und Leer, die natürlichen Hauptstapelplätze des überseeisch-deutschen Verkehrs, mit Holland und den Hansestädten konkurrieren. Dagegen bekämpft List die holländischen Pläne einer Verbindung Zuidersee—Lingen—Osnabrück, die für Holland freilich eine Lebensfrage seines Handels sei, Ostfriesland aber würde dadurch wie durch eine chinesische Mauer von Deutschland getrennt und müßte verkümmern, denn die Bedeutung seiner Handelsplätze an der Küste und damit ein wichtiger Teil des deutschen Überseehandels überhaupt würden dann schon gleich im Aufleben von der übermächtigen holländischen Konkurrenz erdrückt.

Für die Linien des oberrheinischen Gebietes sind strategische Gesichtspunkte in erster Linie maßgebend. Die Rheingegenden bilden den Schutz Deutschlands gegen den eroberungssüchtigen Westen,

„darum seien ... der Eisenbahnen so viele als möglich. Lehrt doch die Erfahrung, daß alle großen Kämpfe zwischen Deutschland und Frankreich am Rhein und in Belgien ausgekämpft werden."[3]

Die Grenzfestungen werden durch die gegenseitigen Verbindungen gestärkt. Dann aber erfordert auch der hohe Stand des Gewerbes in jenen Gegenden den Eisenbahnbau.

Für das rechtsrheinische Ufer kommt die Linie Castell—Frankfurt—Hessen-Darmstadt—Mannheim—Bruchsal—Heidelberg—Kehl—Basel in Betracht mit einer Abzweigung auf das württembergische Gebiet in der Nähe von Bruchsal und einer Verlängerung über Basel bis zum Bodensee.

---

[1]) Eisenbahn-Journal 1836, Nr. 18.
[2]) Zollvereinsblatt 1845, Nr. 8, 11, 19.
[3]) Ges. Schriften, 2. Teil, S. 243/44.

Größere Bedeutung hat die linksrheinische Linie Mainz—Ludwigshafen—Lauterburg, obwohl sie eine „halbfranzösische" Bahn ist, gegen die die Gegner die badische Bahn als „rein germanisches" Unternehmen ausspielen. Die französische Konkurrenz ist nicht zu fürchten, da nicht nur Frankreich sondern ebenso sehr Deutschland von einer linksrheinischen Bahn Vorteile haben wird. Die linke Rheinseite hat mehr Städte und größeren inneren Verkehr. Die Schweiz und das Elsaß werden durch die linksrheinische Linie enger mit Deutschland verknüpft. Die deutschfranzösische Linie Ludwigshafen—Saarbrücken—Metz—Paris wird durch eine linksrheinische Bahn an Bedeutung gewinnen. Die wirtschaftliche und militärische Kraft der Pfalz und Rheinhessens wird gestärkt. Die Linie aus Rücksicht auf den Ludwigshafener Rheinhafen an diesem Ort enden zu lassen, wäre töricht, da die Stadt als Knotenpunkt der ostwestlichen und nordsüdlichen Linie stärker den Verkehr anziehen wird als durch den Hafen. Von hier aus erfolgt auch der Anschluß an die rheinhessische Bahn. Die beiden Teile Hessens sind ebenfalls, etwa über Oppenheim, durch eine Eisenbahn zu verbinden. Hessen bekommt dadurch ein eigenes System und hat größeren Vorteil, als es bei einer nur rechtsrheinischen Bahn der Fall sein würde, denn durch die Verbindung mit Rheinhessen wird der Verkehr aus dem Elsaß, aus Frankreich und der Pfalz nach dem Norden und Osten über die Verbindungsbahn nach Darmstadt gelenkt, und dieses würde als Knotenpunkt aufblühen.

Die linksrheinische Bahn hat auch große Bedeutung für Mainz. Mit Hilfe der Verbindung Cöln—Mainz—Basel würde Mainz den Ober- und Niederrhein beherrschen. Dagegen hat eine Eisenbahn, die in Castell mündet, keinen Vorteil für Mainz. Auch die Dampfschiffahrt kann den Mangel der Eisenbahn nicht ersetzen. Sie kommt nur der Rheinseite der Stadt zugute, während die Eisenbahn alle Teile der Stadt gleichmäßig beleben würde. Die Linie Saarbrücken—Bexbach—Kaiserslautern—Rheinschanze bei Mannheim verficht List aus Rücksicht auf die Erschließung des Saarkohlengebietes für das südwestliche Deutschland. Während schon bisher die Saarkohle fast ausschließlich Frankreich zugute kam, besteht durch den Plan des Rhein-Marne-Kanals (seit 1837) die Gefahr, daß die Saarkohle dauernd von Deutschland abgelenkt und der französischen Industrie zugeführt wird, während Südwestdeutschland seine Kohlen vom Niederrhein beziehen muß.

Die Bedeutung von Kurhessen und Thüringen liegt darin, daß sich in diesem Gebiete die wichtigsten Nordsüd- und Ostweststraßen kreuzen.

„Unter allen deutschen Eisenbahnlinien sind unstreitig die beiden Zentrallinien, die ostwestliche von der Fulda und Werra nach der Elbe, und die nordsüdliche von der Werra nach dem Main die wichtigsten. . . . ohne sie besteht kein vollständiges Eisenbahnsystem, weder in Deutschland, noch auf dem europäischen Kontinent."[1])

Die Nordsüdroute über den Kamm des Thüringer Waldes hatte sich schon 1829 bei Gelegenheit des preußisch-bayerischen Zollvertrages als unentbehrlich für den Durchfuhrverkehr zwischen Nord- und Süddeutschland erwiesen und war auf das Betreiben von Motz aus dem Gebiete des mitteldeutschen Handelsvereins freigegeben worden[2]). In der Eisenbahnpolitik taucht dieselbe Linie wieder auf. Für die Verbindung des bayerischen, speziell des Nürnberger Handels mit dem Norden kommen drei Straßen in Betracht: In nordwestlicher Richtung die Linie zum Niedermain und Niederrhein, Frankfurt, Cöln, Belgien. Der Anschluß an das nordöstliche Gebiet — Elbe, Oder, Weichsel — wäre durch eine Bahn über Hof, Leipzig, Dresden zu erreichen. Die dritte Linie geht über Nürnberg, Bamberg, Coburg, Meiningen nach Eisenach und verbindet Bayern mit Thüringen und Kurhessen. Da der Verkehr aber nur für die Anlage einer der drei Linien ausreicht, so schlägt List die mittlere Route nach Eisenach vor, weil diese durch den Anschluß an die ostwestliche Linie Cassel—Halle Bayern auch mit seinen Interessengebieten im Osten und Westen verbindet, während die Linie über Hof nur den Weg nach Osten öffnen würde.

„Durch die Zentralroute käme Nürnberg in direkte Verbindung mit Havre de Grace, Ostende, Antwerpen, Cöln, Amsterdam und allen holländischen Häfen, mit Bremen und Hamburg, Stettin und Danzig."[3])

Die Linie Bamberg—Eisenach hat ferner für Bayern den Vorteil, daß der Handel vom Rhein und von der Weser nach Österreich und Ungarn durch bayrisches Gebiet geleitet wird, während er sonst seinen Weg durch Sachsen nimmt. Auch für Leipzig ist die Strecke günstiger, da die Hofer Route nur den Weg nach Bayern öffnet, der Umweg über Eisenach aber sowohl zum Rhein als auch nach Bayern führt.

Neben der nordsüdlichen Zentrallinie handelt es sich für Kurhessen und Thüringen um die richtige Wahl der westöstlichen Linie.

„Die westöstliche Zentralroute hat . . . europäische Bedeutung . . . denn durch sie wird die eine Hälfte des europäischen Kontinents mit der anderen in Verbindung gesetzt."[4])

Sie ist die mittlere der drei Haupthandelsstraßen Deutschlands. Die nördliche ist die Route von Cöln nach Minden und Cassel. Die südliche geht von Kehl nach Augsburg und Nürnberg, die mittlere führt von Mainz— Frankfurt über Eisenach—Weimar nach Magdeburg und Leipzig. List

---
[1]) Allg. Ztg. 1840, Nr. 223/24, Beil.
[2]) Treitschke, „Deutsche Geschichte im 19. Jahrhundert", 3. Teil, S. 674.
[3]) Allg. Ztg. 1840, Nr. 223/24, Beil.
[4]) Ebenda Nr. 232/33.

empfiehlt den Umweg über Cassel. Cassel wird das Zentrum für folgende Linien werden: Nach Frankfurt, nach Lippstadt—Cöln (strategisch wichtig) zur Niederweser (wichtig für den Handel mit Bremen), nach Eisenach—Leipzig, nach Eisenach—Nürnberg. Auf der Strecke Cassel—Halle kommen in der Hauptsache zwei Linien in Betracht. Die nördliche, direkte Linie ist aus volkswirtschaftlichen und Rentabilitätsgründen zu verwerfen. Vielmehr soll die Bahn der alten thüringischen Handelstraße Eisenach—Gotha—Erfurt—Weimar—Naumburg folgen. List vergleicht die beiden Linien:

„Dort nur wenige, kleine, unbedeutende Städtchen, weite Entfernung großer Städte, wenig industrielle Regsamkeit, hier von einem Endpunkt zum andern eine bedeutende Stadt an der andern, unmittelbar an der Linie sowohl als zu beiden Seiten; überall gewerbliche Regsamkeit in der Stadt sowohl als auf dem Lande; kurz, zwischen den beiden Endpunkten längs der Route und zu beiden Seiten wenigstens 200—300 000 Städtebewohner und Fabrikanten, also 5—10 mal mehr als auf der preußischen Route."[1])

Dazu käme noch der stärkere Lokalverkehr zwischen den an der Strecke liegenden Städten. Da nach Lists Ansicht mit einem etwa fünffach stärkeren Verkehr zu rechnen wäre, ergäbe sich eine entsprechend größere Anzahl der Zugverbindungen. Auf diese Weise würde sowohl der Umweg auf der längeren Strecke durch die verkürzte Wartezeit wettgemacht, als auch der größere Kapitalaufwand durch vermehrte Rentabilität ersetzt.

Neben ihrer großen volkswirtschaftlichen Bedeutung ist diese Linie auch strategisch wichtig: Nach Westen sind die Heere nicht nur über Cassel zum Mittelrhein und Niederrhein, sondern über Frankfurt auch zum Niedermain und Oberrhein zu dirigieren, während für militärische Operationen im Osten die Hilfe aus dem ganzen südlichen und westlichen Deutschland herangezogen werden kann.

Mit Vorschlägen für ein bayrisches Eisenbahnsystem ist List schon früh hervorgetreten, zuerst in seinem Briefwechsel mit v. Baader. In seinem ersten Briefe von 1827[2]) bringt er diese Pläne im Zusammenhang mit Hebung der bayrischen Landwirtschaft durch Einführung des Mehl- statt des Getreidehandels und schlägt dafür Eisenbahnen einerseits zum Bodensee und nach der Schweiz vor, andererseits eine Verbindung zwischen Main und Donau. Ausführlicher legt er 1828 seine Pläne in den Mitteilungen aus Nordamerika dar. Hier ist ihm noch wichtiger als die Erschließung des innerbayrischen Verkehrs die Verbindung Bayerns mit den Hansastädten wegen ihrer Bedeutung für den gesamten deutschen Handel. Die Linie von den Hansestädten über Bamberg—Nürnberg—Augsburg zum Bodensee würde die Ausfuhr von Bayern, der Hälfte von Schwaben und von der

---

[1]) Allg. Ztg. 1840, Nr. 232 f., Beil., Die thüringische ostwestliche Zentralroute.

[2]) Allg. Ztg. 1827, Nr. 243.

Schweiz, zudem einen großen Teil der bisher über Holland und Le Havre gehenden Einfuhr den Hansestädten zuführen. Eine Abzweigung von der hanseatisch-bayrischen Bahn etwa von Gotha oder Eisenach aus nach Frankfurt würde gleichzeitig diesen wichtigen Handelsplatz an den Verkehr mit Bayern wie mit Bremen—Hamburg anschließen. Die Vorteile für den auswärtigen Handel Bayerns und seine ganze wirtschaftliche Entwicklung würden sich zeigen sowohl in der Förderung der bayerischen Produktenausfuhr, besonders des Mehlhandels, als auch in der Hebung der bayrischen Industrie durch die erleichterte Zufuhr von Rohzucker und Baumwolle und in der Beförderung des Zwischenhandels von Nürnberg und Augsburg. Und schließlich — das ceterum censeo der damaligen deutschen Wirtschaftspolitiker — würde Holland infolge der Konkurrenz von Le Havre und den Hansestädten zu größerem Entgegenkommen in seinen Zollmaßregeln gezwungen. In seinen späteren Entwürfen schlägt List vor, den Anschluß nach Frankfurt schon von Bamberg aus über Würzburg—Aschaffenburg herzustellen. Durch diese beiden Hauptstrecken — nach Norden zu den Hansestädten und westlich nach Frankfurt — werden die Stromgebiete der Donau, des Mains und der Elbe miteinander in Verbindung gesetzt, d. h. Bayern, Sachsen und Preußen, und diese Vereinigung wird wiederum einen Druck auf Hannover ausüben, sein Eisenbahnsystem zu vervollständigen. Die trotz seiner Gegenagitation gebaute Hofer Strecke hält er für einen „kostspieligen Fehler".[1]

Für den innerbayrischen Verkehr schlägt List 1828 (in den Mitteilungen aus Nordamerika) drei Hauptlinien vor. Die erste verläuft nordsüdlich quer durch Bayern zum Bodensee, von Bamberg über Nürnberg—Donauwörth—Augsburg—Memmingen nach Lindau. Eine zweite, die hauptsächlich Bayern nördlich der Donau in westöstlicher Richtung erschließt und sodann mit der Hauptstadt verbindet, führt vom nordwestlichen Teile nach Südosten: Kitzingen—Nürnberg—Regensburg—München. Dieselbe Aufgabe für den Teil des Landes südlich der Donau soll die dritte Linie erfüllen, die von Günzburg über Augsburg und München die südöstliche Grenze erreicht. Schließlich sind Nebenlinien von Bayreuth und von der Tauber zur nordsüdlichen Hauptlinie herzustellen. Die späteren Vorschläge decken sich im allgemeinen mit diesen 1828 skizzierten Plänen. Nur wird noch für die Nordsüdlinie von Augsburg aus eine Fortsetzung nach Kaufbeuren und Kempten vorgesehen. Wichtige Nebenlinien kämen für die Täler von Vils, Naab und Regen, sowie in der Richtung nach Tirol in Frage.

Die Verbindung in ostwestlicher Richtung wird hergestellt durch eine gemeinsame Route Österreich—Bayern—Württemberg, die strategisch ebenso

---

[1] Ges. Schriften, 2. Teil, S. 300.

bedeutsam ist wie für den Handel wichtig. Die südliche der Ostwestlinien würde München—Salzburg sein, eine mittlere Regensburg—Straubing—Passau, wichtig für den Getreide- und Produktenhandel von Niederbayern; die nördliche Linie Nürnberg—Pilsen—Prag würde die Verbindung durch Böhmen bis Galizien herstellen. Nach Westen schließt sich die Ostwestlinie etwa zwischen Ulm und Dinkelsbühl an das württembergische System an.

Für Württemberg ist der Bau eines Eisenbahnsystems eine Existenzfrage, weil es in Gefahr steht, durch die Eisenbahnpläne der Nachbarstaaten umgangen und ausgeschaltet zu werden. Baden plant Bahnen nach Frankfurt einerseits, Basel und Schaffhausen andererseits, Bayern die Linien Bamberg—Würzburg—Aschaffenburg—Frankfurt, im Süden Oberschwaben—Lindau. Diese Maßregeln würden bedeuten, daß der Handel zwischen Rhein und Donau von dem württembergischen Gebiet abgelenkt und dieses brach gelegt würde. Die Folge wäre:

„Stuttgart wird so weit entfernt sein von Karlsruhe, als dieses von Leipzig, so weit von Nürnberg, als dieses von Hamburg, so weit vom Bodensee, als Lindau von Leipzig. Sämtliche Städte des Landes werden zu Plätzen herabsinken, nach welchen nur ein Fremder kommt, im Falle er an Ort und Stelle Geschäfte zu machen hat."[1])

Dagegen wird ein württembergisches Eisenbahnsystem das Land in die südliche europäische Ostweststraße von Bordeaux—Paris zum Schwarzen und Adriatischen Meer einbeziehen.

Drei Hauptlinien sind für Württemberg wichtig: Die Verbindungen zwischen Rhein und Neckar, zwischen Donau und Bodensee und zwischen Neckar und Donau. Die letztere bietet technisch die größten Schwierigkeiten wegen der dazwischen liegenden Alb. Es ist also ratsam, mit dem Ausbau dieser Linie vorläufig zu warten. Die Verbindung zwischen Rhein und Neckar ist die wichtigste. Sie würde von Stuttgart über Heilbronn führen und zwischen Bruchsal und Heidelberg die badische Bahn erreichen. Ihre Bedeutung besteht darin, daß auf diesem Wege Kolonialwaren, Rohstoffe, vor allem die für Süddeutschland so wichtige Saarkohle eingeführt werden. Zur Beförderung des inneren Verkehrs sind für das Neckargebiet außer einer Hauptlinie längs des Neckars von Heilbronn über Tübingen bis Rottenburg in den Tälern der Nebenflüsse kleinere Pferdeeisenbahnen bis in den Schwarzwald hin anzulegen, die über Pforzheim mit Baden verbunden werden können. Für den Verkehr zwischen Donau und Bodensee würden jedenfalls Pferdeeisenbahnen genügen. Die größte Schwierigkeit bereitet, wie schon gesagt, die Verbindung zwischen Neckar und Donau. Diese Linie ist wichtig als Durch-

---

[1]) Das deutsche Eisenbahnsystem, S. 33. (Deutsche Vierteljahrsschrift 1841, IV, S. 243.)

gangsroute von Baden nach Bayern. Falls eine direkte Linie Heilbronn—Donau sich technisch unausführbar erweist, schlägt List vor, entweder die schwierigen Stellen mit einer Pferdebahn zu überwinden oder die Alb zu umgehen und die Linie von Heilbronn durch das Remstal bis Dillingen an der Donau zu führen. Hier treffen die drei Routen von Ulm, Augsburg und Donauwörth zusammen. Damit ist der Anschluß über Ulm nach Friedrichshafen und zum Bodensee hergestellt, ganz Württemberg über Augsburg mit München, ferner mit Nürnberg, Bamberg und den nördlichen Hauptrouten in Verbindung gebracht.

Das von Belgien seit 1834 gebaute Staatsbahnsystem, das von dem Mittelpunkt Mecheln aus alle irgendwie bedeutenden Städte berührt und die Verbindung sowohl zum Meere als auch nach Frankreich und Deutschland herstellt, findet wegen seines planmäßigen Ausbaues und der technischen Vorzüge seiner Bauart Lists volle Anerkennung. Die Bedeutung der belgischen Eisenbahn für Deutschland besteht in der schon öfters erwähnten Verbindung Cölns mit dem Meere und der Befreiung vom holländischen Zwischenhandel. In seinem Todesjahre betrieb List im Hinblick auf die bevorstehende Änderung der englischen Handelspolitik — Aufhebung der Kornzölle — eine Agitation für eine Bahn zwischen Hamburg und Ostende.

Die Wichtigkeit eines französischen Eisenbahnsystems besteht in der Erleichterung des Durchfuhrhandels von Amerika, Westindien, Spanien, Italien und der Levante nach Deutschland und der Schweiz. Der Landweg über Le Havre—Paris—Straßburg stellt sich bei Eisenbahnverbindung billiger als der Seeweg über Holland und Hamburg und wird daher den amerikanischen Handel den französischen Seehäfen zuführen. Für Deutschland bedeutet dieser Weg daher eine Schädigung des Ein- und Ausfuhrhandels der Hansestädte, ebenso wie die Linie Straßburg—Metz die Saarkohle dem südlichen Deutschland entzieht und nach Frankreich gehen läßt, während die Verbindung von Antwerpen und Ostende bis Luxemburg und Metz den deutschen Durchfuhrhandel auf französisches Gebiet hinüberlenkt. Ferner bilden die Linien zum Rhein sowie die Grenzbahn von Marseille über Lyon—Straßburg—Metz—Valenciennes—Lille bis Dünkirchen eine militärische Bedrohung Deutschlands. Aus allen diesen Gründen ist Deutschland genötigt, durch entsprechende Bahnen auf deutschem Gebiet seine strategische und kommerzielle Lage zu verbessern.

Für die innere Politik Frankreichs würde ein Eisenbahnsystem den Vorteil haben, das übertriebene System der Zentralisation zu lockern und auch andere Städte neben Paris zu der ihnen gebührenden Bedeutung zu verhelfen, ein Gedanke, der List schon vor seiner Amerikareise während seines Pariser Aufenthalts beschäftigte.[1])

Für die Schweiz und Italien empfiehlt er einen gleichzeitigen Ausbau ihrer Systeme bis zum Fuße der Alpen, die Verbindung über das Gebirge soll durch Chausseen hergestellt werden. Die Hauptlinie der Schweiz ist die Bahn Basel—Zürich— Chur, die Deutschland und Frankreich mit Italien verbindet.

Für ein russisches Eisenbahnsystem ist Moskau der zweckmäßigste Mittelpunkt.[2]) Eine Bahn Petersburg—Moskau sei beabsichtigt. Zu erstreben sind noch folgende Strecken: Warschau—Moskau, von Moskau zur südlichen Wolga und zu den Hauptpunkten im russischen Asien. Innerrußland würde dadurch der Zivilisation erschlossen. Der leitende Gesichtspunkt aber ist der politische: die Aufmerksamkeit Rußlands würde vom westlichen Europa abgelenkt, dagegen könnte es seine Macht und seinen Einfluß im südlichen und östlichen Asien geltend machen; durch eine Fortführung der Eisenbahn bis zur chinesischen Grenze erlangt es die Möglichkeit, China zu unterwerfen und sich an die Spitze eines asiatischen Systems zivilisierter Staaten zu stellen.

List hat in seinen Plänen für eine Erschließung Asiens durch Eisenbahnen schon den Gedanken der „Bagdadbahn" gefaßt. Er sieht folgende Linie vor: Iskenderun—Aleppo—Bir—Hit am Euphrat, von dort zu Schiff nach Bassora (Basra),[3]) das bedeutet die Verbindung nach Syrien, Innerwestasien und zum persischen Golf. Ursprünglich denkt List die Euphratbahn unter österreichischem Einfluß gegen England und Rußland, später stellt er das Projekt unter den entgegengesetzten Gesichtspunkten im Zusammenhang seines Versuchs einer Annäherung zwischen England und Deutschland. Zur Stärkung gegen die amerikanische Konkurrenz muß sich England durch die Errichtung eines Mittelreiches in Kleinasien und Ägypten in direkte Verbindung mit Indien setzen. Unter der Voraussetzung, daß Deutschland seinen Einfluß auf alle europäischen Besitzungen der Pforte ausdehnt, denkt sich List die Verbindung London—Bombay folgendermaßen:

„Durch Ausdehnung der neuen Kommunikationsmittel, namentlich der Eisenbahnen auf Asien und Afrika, sind die Länder am Nil und am Roten Meer, am Euphrat und am Persischen Meerbusen der englischen Küste so nahe zu brin-

---

[1]) Vgl. dazu den bei Goeser: Der junge Friedrich List, S. 127, wiedergegebenen Brief.

[2]) Vgl. zum folgenden: Staatslexikon, Band 1, Art. Asien, S. 696 ff.

[3]) Vgl. hierzu die heutige, in großem Bogen weiter nordöstlich geführte Linie der Bagdadbahn: Aleppo—Djerabulus—Harran—Nisibin—Mossul—Samara—Bagdad—Basra (nach den Angaben bei Mohr: Der Kampf um deutsche Kulturarbeit im nahen Orient, 1915, S. 25).

gen, als es vor zwanzig Jahren die Länder an der Schelde, am Rhein, an der Weser und Elbe, die Häfen von Bombay und Calecut so nahe, als damals Lissabon und Cadix gewesen sind.

Auch übertrifft, abgesehen von den obwaltenden politischen Verhältnissen, das Projekt einer Fortsetzung des belgischen und deutschen Eisenbahnsystems von Venedig nach der Nordküste des Archipelagus und von der Südküste des Archipelagus längs des Euphrats und der linken Küste des Persischen Meerbusens keineswegs an Kühnheit jenes Projekt der Nordamerikaner, vermittelst dessen sie die atlantischen Küstenländer mit den Uferlanden des Rio Grande und diese mit dem Stillen Meer zu verbinden beabsichtigen."[1])

List verfolgt ferner die Eisenbahnpläne Mehmed Alis in Ägypten,[2]) der die Verbindung von Suez und Cairo sowie zwischen Nil und Rotem Meer beabsichtigt. Eine Bahn von Suez nach Syrien sei zurzeit aus politischen Rücksichten auf die Türkei noch nicht ratsam, aber für später ebenso anzustreben, wie Bahnen nach Abessynien und Innerafrika.

---

[1]) Ges. Schriften, 2. Teil, S. 450.
[2]) Staatslexikon, 1. Band, Art. Aegypten, S. 381; Art. Asien, S. 712, 4. Band, S. 775.

Anhang.

Die vorliegende Abhandlung umfaßt die beiden wichtigsten Kapitel einer größeren Arbeit gleichen Titels. Letztere enthält außerdem noch folgende Abschnitte: Die Einleitung gibt eine kurze Charakteristik der Veröffentlichungen Lists zur Eisenbahnfrage. Das erste Kapitel bespricht seine Wirksamkeit für das deutsche Eisenbahnwesen. Kap. 2 und 3 liegen in dieser Abhandlung vor. Kap. 4 und 5 enthalten eine Darstellung der Gedanken Lists über Organisation und Finanzierung der Eisenbahnunternehmungen sowie über technische Fragen. Kap. 6 versucht, seine Ideen zum Eisenbahnwesen in den Zusammenhang mit seinen gesamten nationalökonomischen und politischen Theorien einzustellen. Das Schlußkapitel enthält eine kritische Würdigung, unter vergleichender Heranziehung der zeitgenössischen Eisenbahnliteratur.

Lebenslauf.

Ich, Berta Meyer, evangelischer Konfession, Tochter des Königl. Kreisschulinspektors Wilhelm Meyer zu Schubin (Posen), wurde am 24. Juli 1891 zu Barmen geboren. Nach Besuch der Volksschule und der zehnklassigen höheren Mädchenschule zu Vohwinkel (Rhld.) trat ich Ostern 1907 in das städtische Lehrerinnenseminar zu Barmen ein, wo ich Ostern 1910 das Lehrerinnenexamen für mittlere und höhere Mädchenschulen ablegte. Ostern 1911 bestand ich als Auswärtige die humanistische Reifeprüfung am Schiller-Gymnasium zu Cöln-Ehrenfeld. Ein Jahr lang unterrichtete ich an den städtischen Lyzeen von Ober- und Unterbarmen. Von S.-S. 1912 bis W.-S. 1915/16 studierte ich in Bonn Theologie, Geschichte und Nationalökonomie. Davon war ich W.-S. 1914/15 beurlaubt und im Ständischen Johanniterkrankenhause zu Stendal vertretungsweise als Apotheken- und Röntgenschwester tätig. Im S.-S. 1916 bestand ich das philosophische Staatsexamen und erhielt die Lehrbefähigung in Religionslehre und Geschichte für die erste, Deutsch für die zweite Stufe. Im W.-S. 1916/17 studierte ich in Zürich Nationalökonomie und setzte seit S.-S. 1917 dieses Studium in Bonn als Schülerin von Herrn Geheimrat Prof. Dietzel fort. In meinen historischen Studien beschäftigte ich mich vorwiegend mit Wirtschaftsgeschichte, worin ich Herrn Geheimrat Prof. Schulte besondere Anregung verdanke. Die mündliche Doktorprüfung bestand ich am 14. November 1917 zu Bonn.

Berta Meyer.

MIX
Papier aus verantwortungsvollen Quellen
Paper from responsible sources
FSC® C105338

If you have any concerns about our products,
you can contact us on
ProductSafety@springernature.com

In case Publisher is established outside the EU,
the EU authorized representative is:
**Springer Nature Customer Service Center GmbH
Europaplatz 3, 69115 Heidelberg, Germany**

Printed by Libri Plureos GmbH
in Hamburg, Germany